一看就懂的图表科学书

神奇的植物

[英] 乔恩·理查兹 著　[英] 埃德·西姆金斯 绘　梁秋婵 译

中国妇女出版社

目录

欢迎来到信息图的世界！

运用图形和图画，信息图以全新的方式使知识更加生动形象！

你会发现植物是如何传播种子的。

你能学着判断一棵大树的“年龄”。

你能认识世界上最高的树。

你会了解花是如何吸引昆虫的。

什么是植物？

植物既可以生活在陆地上，也可以生活在水中。它们通常固定在一个地方，利用太阳光提供的能量制造生长所需的养料。

植物的分类

植物有许多不同的类型，但大体上可以分为显花植物和隐花植物两大类。

玫瑰

雏菊

落叶树

显花植物

玫瑰、雏菊和大多数落叶树（见第6页）都是显花植物。在所有植物种类中，大部分都是显花植物。它们通过开出鲜艳美丽的花朵来吸引昆虫传粉（见第20—21页），以孕育果实，结出种子。

冷杉

有种子的隐花植物包括针叶树，例如冷杉和松树。

蕨类植物

隐花植物

隐花植物可以分为两大类：有种子的裸子植物，以及没有种子却可以利用微小的孢子进行繁殖的孢子植物。

孢子植物，如蕨类植物和苔藓植物，通过将孢子释放到水中或空气中的方式来繁衍后代。

植物也可以根据是否有维管结构来分类。

维管植物

维管植物的茎中有细细的管状结构，可以将水分和营养物质由根部输送到植物的其他部分。种子植物和蕨类植物都属于维管植物。

非维管植物

非维管植物没有上述管状结构，也没有真正的根、茎和叶的分化。苔藓植物就属于非维管植物。

世界上最大的树是一棵巨大的红杉，名叫谢尔曼将军。它位于美国加利福尼亚州的红杉国家公园。它仅树干的体积就有 1 487 立方米，大约是一个热气球体积的 2/3。

多种多样的植物

世界上最小的显花植物是芜萍。每个个体长约 1 毫米，小得足以穿过针眼。
1 个顶针里大约可以装 5 000 株芜萍。

据科学家估算，人类已知的植物有

390 900种。

2015年确认了 2 034个新的植物物种。

21%

21% 的植物物种正濒临灭绝。

植物的细胞

和许许多多生物体（病毒等微生物除外）一样，植物也是由细胞构成的。一株植物可能有数以百万计的细胞，它们共同决定了植物的外形和行为。

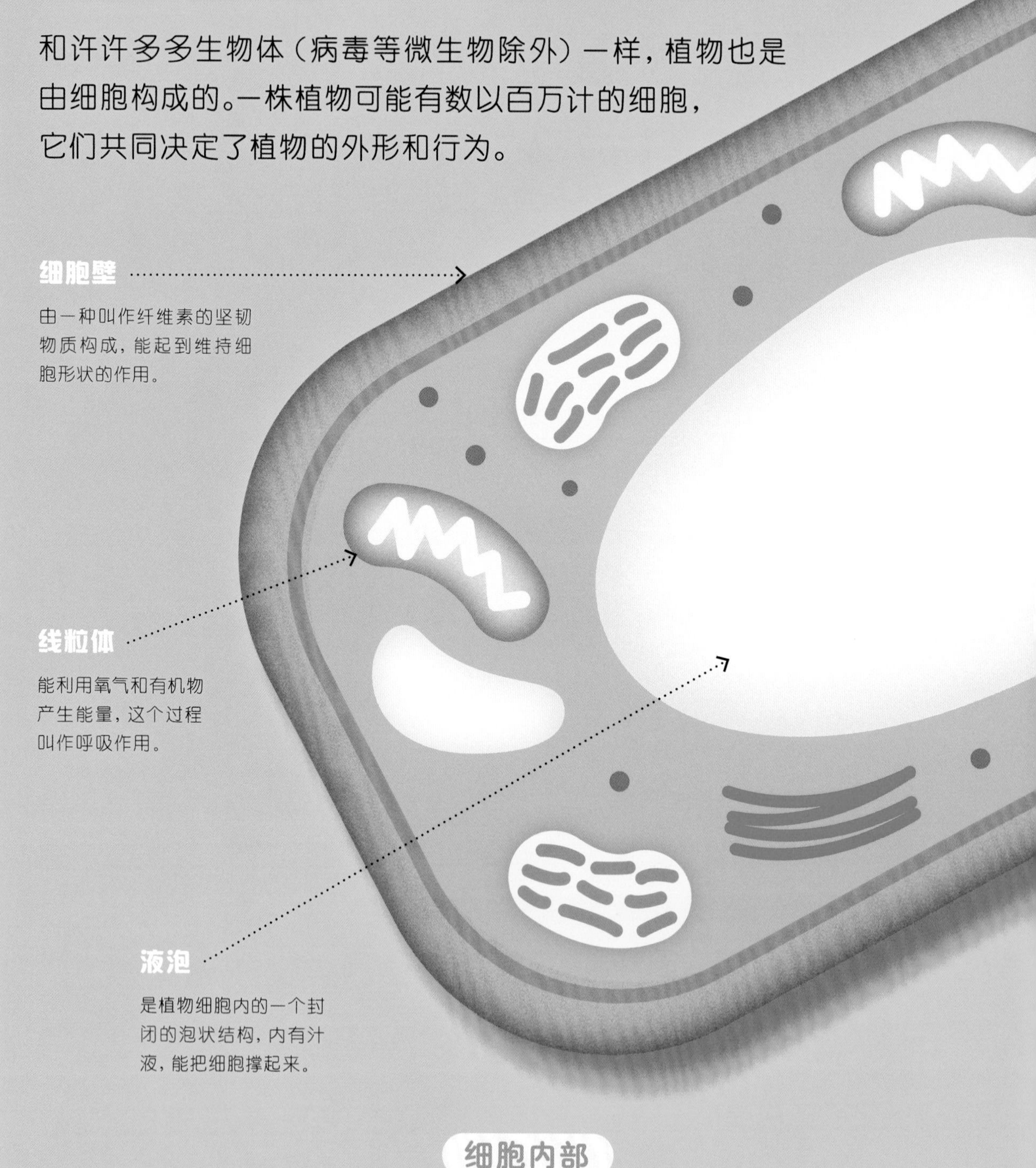

细胞内部

植物和动物的细胞具有许多共同的结构特征与组成部分，它们都有细胞核、细胞膜、线粒体、核糖体和细胞质。但有的组成部分只存在于植物细胞中，例如细胞壁、叶绿体和液泡。

细胞核

储存着叫作脱氧核糖核酸（DNA）的链状遗传物质。

细胞质

充满细胞内部，是大多数化学反应发生的地方。

核糖体

是合成蛋白质的微小结构。

叶绿体

含有一种叫作叶绿素的化学物质，能利用光能产生糖类等有机物。

细胞膜

是紧贴细胞质的一层保护膜，能控制物质的进出。

据科学家推算，仅仅**1**平方毫米的叶片上就约有**500 000**个叶绿体。

气孔

在植物叶子的表面有一些叫作气孔的小孔，它们被保卫细胞所环绕。保卫细胞可以打开和关闭气孔，以此控制气体和水分的进出。

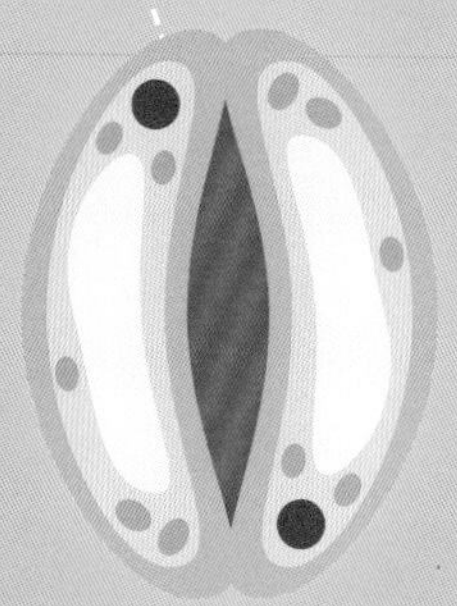

在光照下

气孔周围的保卫细胞会因吸收水分而变得膨胀，气孔就打开了。

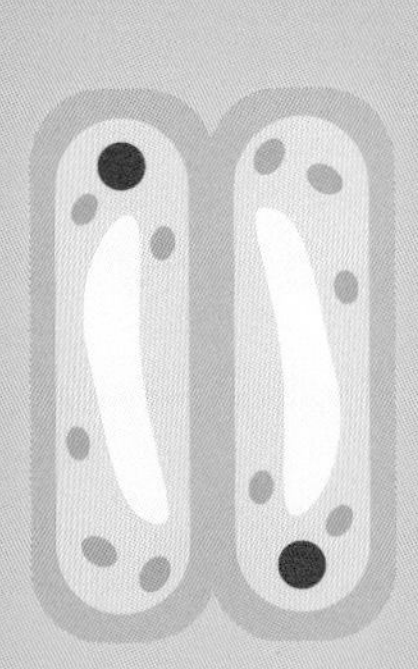

在黑暗中

保卫细胞会因失去水分而缩小变软，气孔就闭合了。

叶子

大多数植物都有叶子，它们在维持植物的存活上发挥着关键的作用。叶子是植物产生大部分能量的地方，也是植物与外界进行气体交换的主要场所。

落叶树的叶子

有些树木，例如橡树和梧桐，年年都会落叶，这样的树叫落叶树。树木这么做是为了在秋冬寒冷的月份里减少水分的流失。

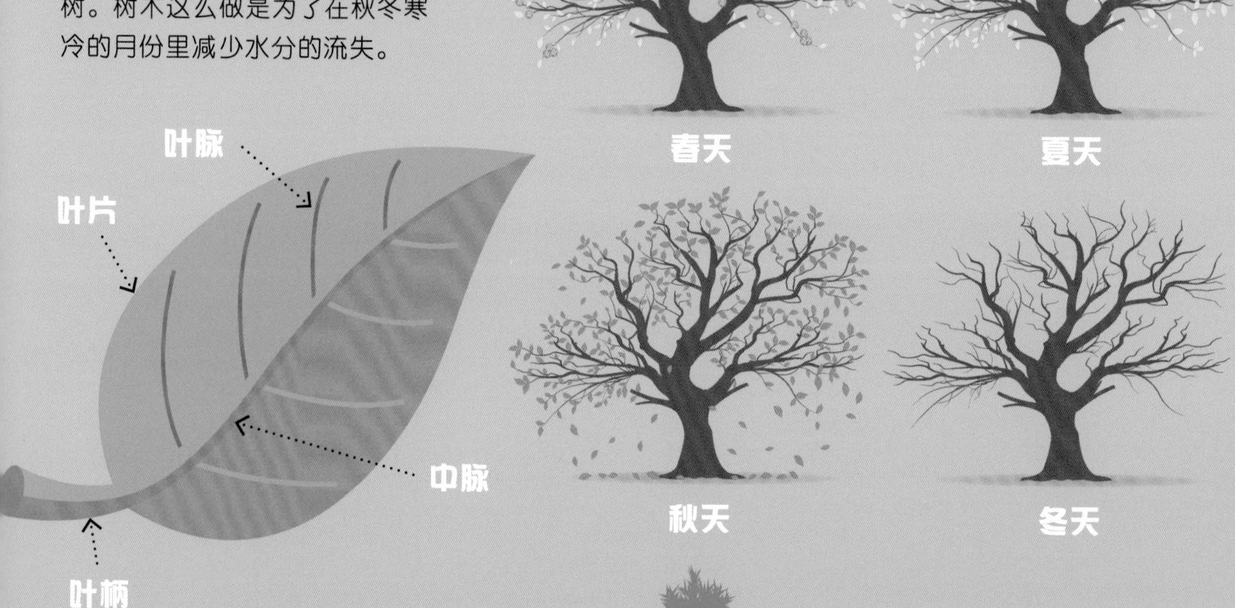

常绿树的叶子

有些树木，例如松树等针叶树，在秋天也不怎么落叶。这样的树大多生长在世界上较为寒冷的地方，它们的圆锥体外形使雪很容易从上面滑落，叶子便不会长时间被雪覆盖。同时，它们的叶子也非常薄而狭窄，这样能减少水分流失。

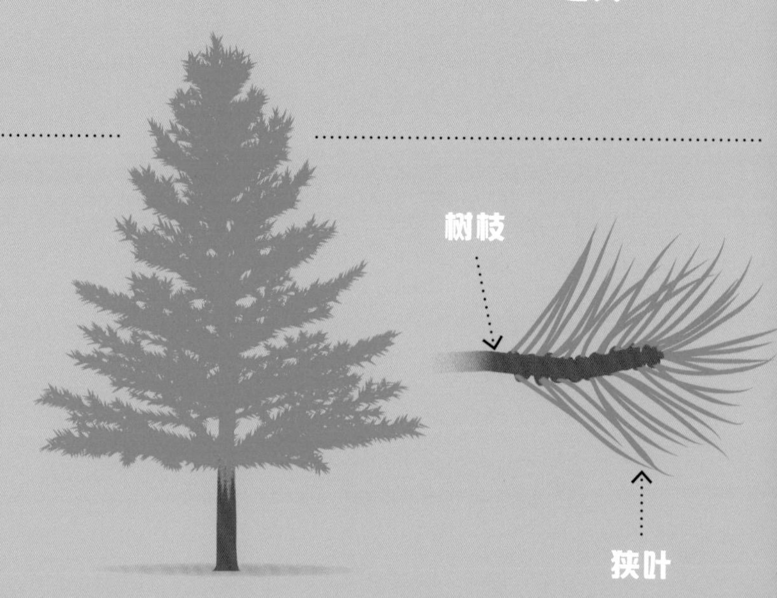

叶子内部

落叶树的叶子是分层的，每一层都有不同的功能。

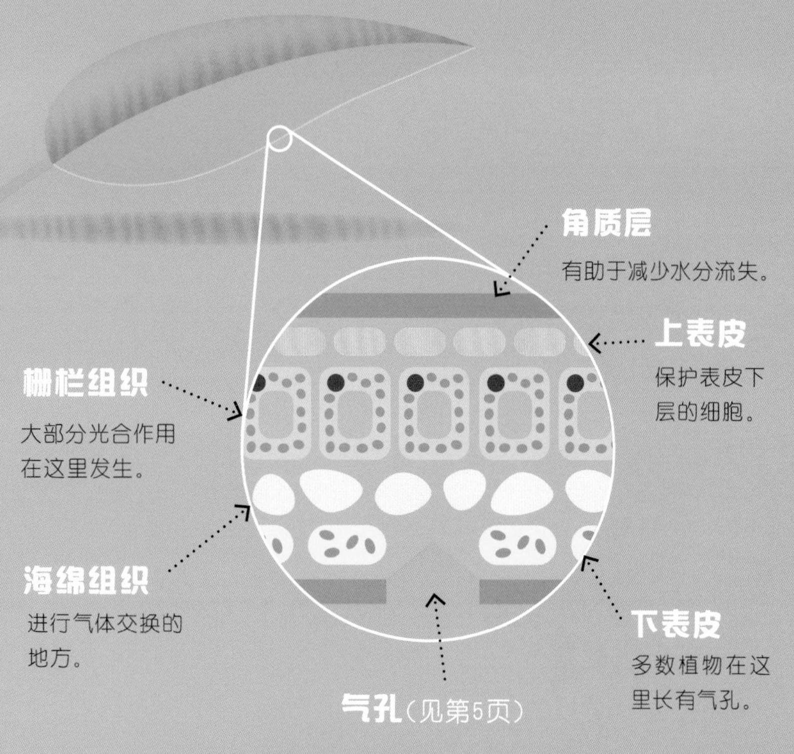

大型的叶子

有一种酒椰的叶子长可超25米，宽可达3米。每片叶子约有180个裂片，就像分出了许多小叶子似的。

袖苞椰（又叫亚马孙棕榈）拥有世界上最大的不可分的叶子，直径约8米。

数学和叶子

斐波那契数列指一串数从第三个数开始，每个数都等于前两个数之和：0,1,1,2,3,5,8,13……令人惊讶的是，一些植物生长出的叶子和花朵的数目竟然与这个数列一致。

13
8
5
3
2
1
1

茎

茎支撑着植物的叶、花或果实，也是植物通过细管向每个细胞输送不可或缺的水分和营养物质的“高速公路”。我们常见的树干也是植物的茎。

维管植物

维管植物茎内的管状组织位于木质部和韧皮部里。这些管道被用来向植物的每一个细胞输送水分和营养物质，有点像我们身体里的血管。

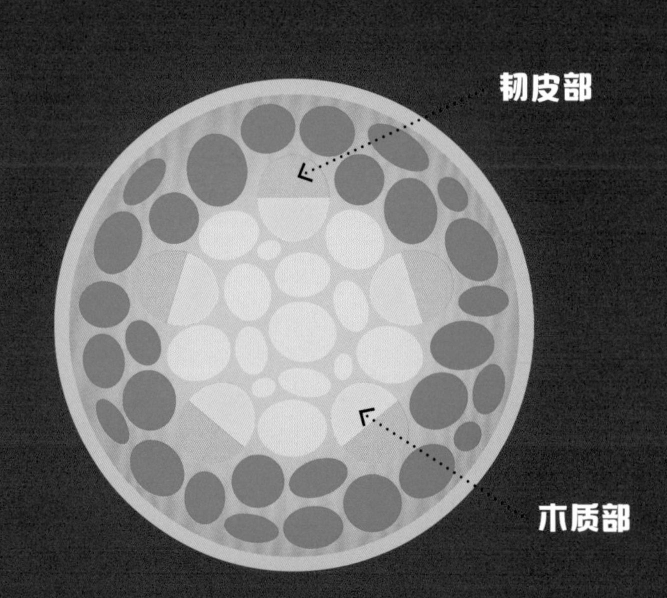

输送水分

在足够强大的附着力、内聚力等力的作用下，水可以克服重力，沿细管上升，这被称为毛细现象。因此，通过维管组织中细细的管子，水可以从位于下部的树根被输送到上部的枝叶。在一些特别高大的树木中，水可以被提升到距地面100多米的高度。

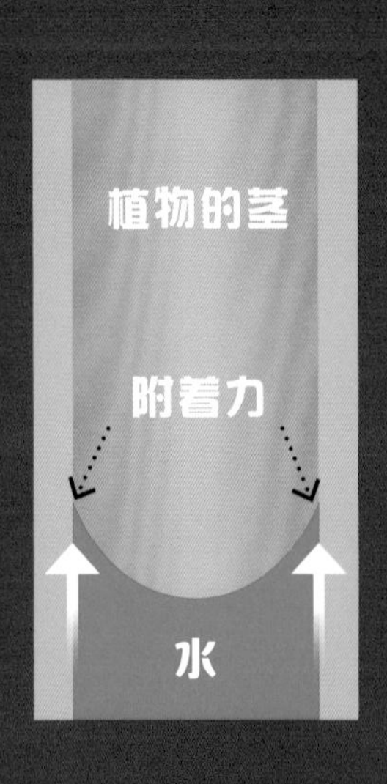

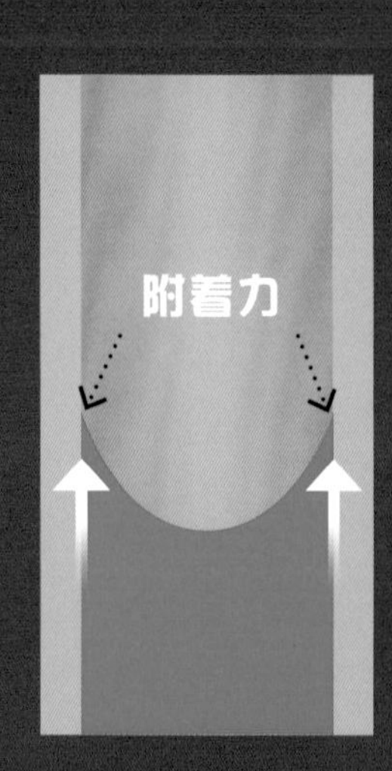

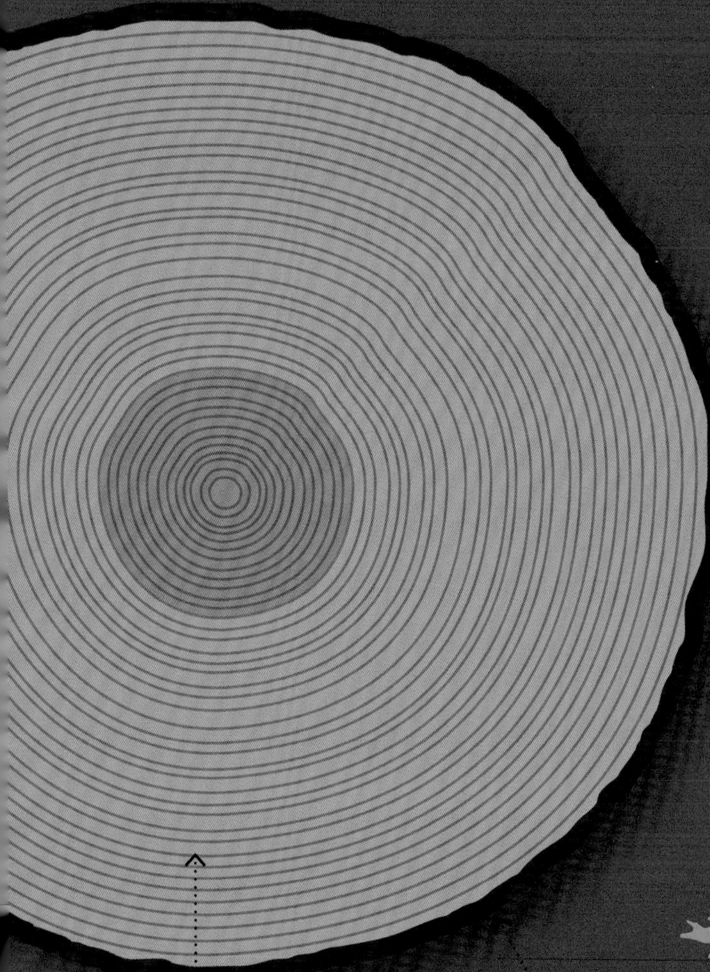

生长轮

许多树只在一年中的某些时候生长。每一年，它们的树干内部都会长出生长轮（又叫年轮）。树越老，生长轮就越多。

通过数生长轮，你可以判断树木的年龄。一圈生长轮通常代表一年。

树干包着一层坚韧的木质外层，叫作树皮。

高大的树

有一棵绰号叫"亥伯龙"的巨大红杉，是已知的世界上最高的树。它高约115米，比美国纽约的自由女神像还要高。

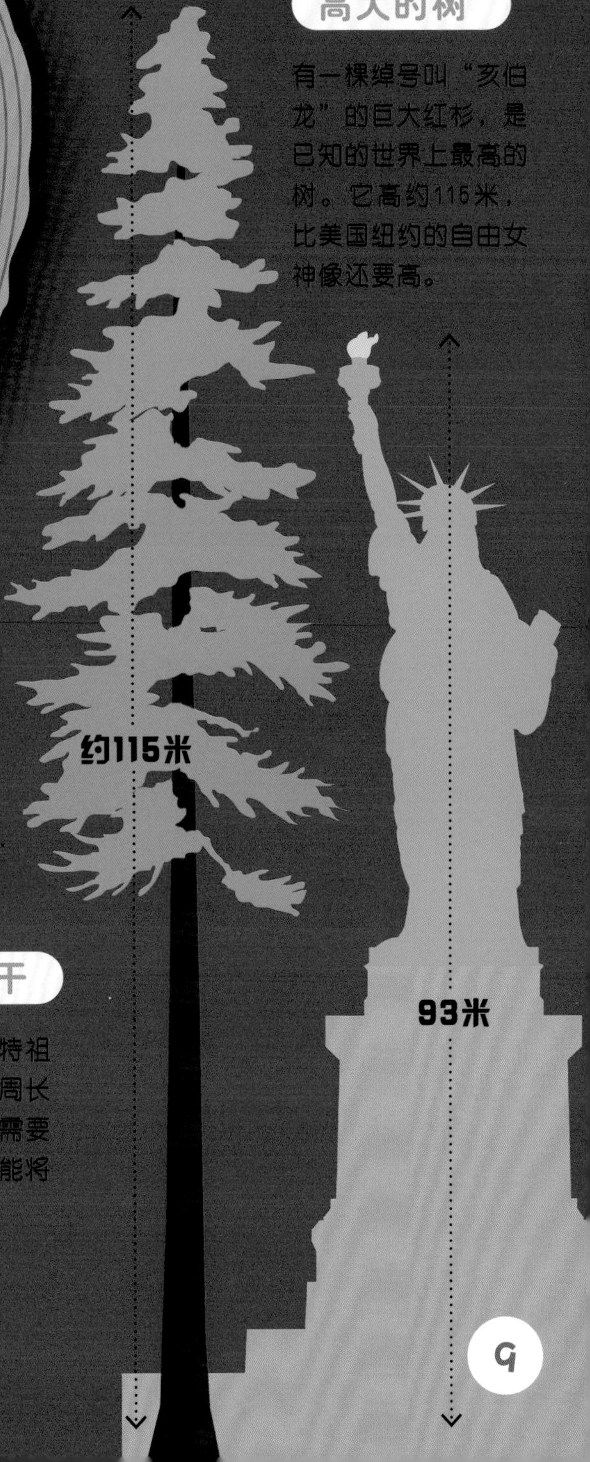

约115米

93米

粗壮的树干

墨西哥有一株蒙特祖马柏树，其树干周长超过30米，大约需要18个人手拉手才能将它合围起来。

植物的地下部分

植物的根扎在土壤里寻找水分和营养物质。通常，我们看不到它们，但它们在维持植物生存方面起着至关重要的作用。

根

植物的根起着几个关键的作用，其中包括：

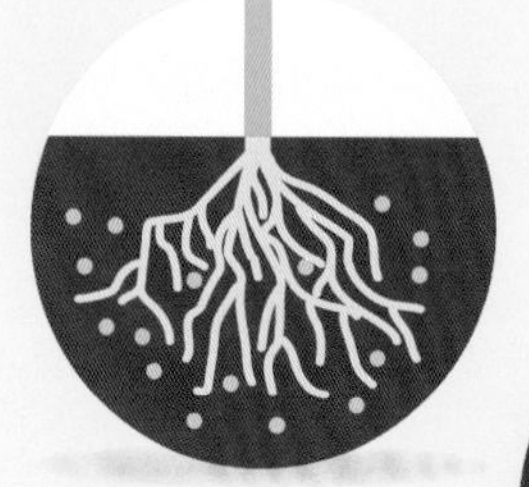

从土壤中吸收水分和营养物质。

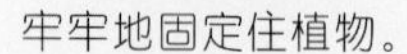

牢牢地固定住植物。

储存营养以备日后使用。

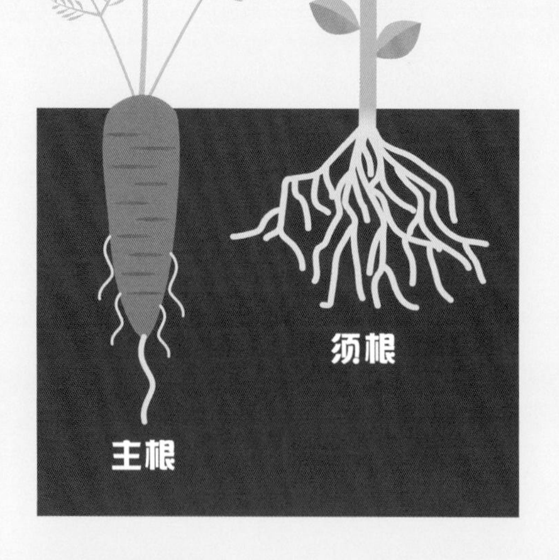

主根和须根

一些植物的根系具有一个明显比其他根粗壮的主根，主根垂直向地下生长；而另一些植物有许多根，这些根的粗细没有明显区别，被称为须根。

吸取水分

水分会经由叶子流失，因此需要根从土壤中源源不断地吸取水分，再经由维管组织等向上输送。

根的分布范围

美国犹他州的一片颤杨树群，实际上是一体的。这些颤杨树出自同一个根系，共同组成了目前地球上最大的生物。

其根系分布面积达
43万 平方米，
相当于60个标准足球场的面积。

×60

这片同根系树林
重约 **6 000** 吨，
相当于40头蓝鲸的总重量！

×40

块茎

在地下，有些植物生长着一种叫作块茎的特殊结构。块茎能储藏营养物质，可供植物在营养不足时利用。薯蓣（又叫山药）和马铃薯（又叫土豆）都长有块茎。

马铃薯 **薯蓣**

世界上最重的马铃薯
达 **4.98** 千克，
这和一只猫的重量差不多。

根瘤

植物生长需要氮元素。一些植物能从空气中吸收氮，因此被称为固氮植物。例如豌豆等豆类植物，它们的根部被根瘤菌感染，生成突起的根瘤，氮就被储存在这些根瘤里。

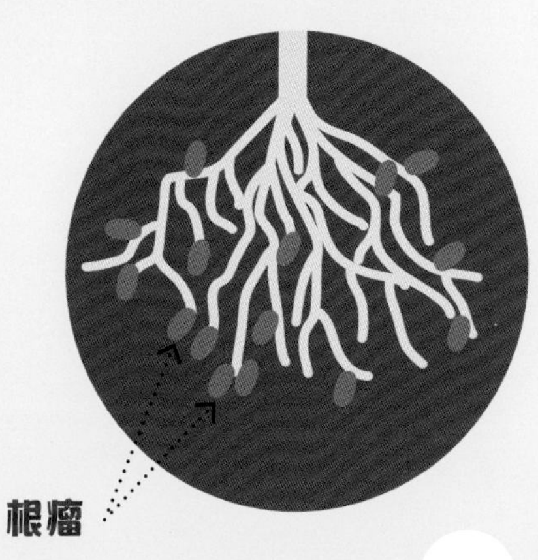

产生能量

植物产生生长和生存所需的能量，需要经过两个步骤：第一步，它们通过光合作用产生糖类；第二步，糖类在呼吸作用中被转化为植物自身所需的能量。

光合作用

植物通过根吸取水分，并从空气中吸收二氧化碳。在光合作用中，植物利用光（例如阳光）的能量将水和二氧化碳转化为有机物（主要为葡萄糖）和氧气，并将氧气释放出来。

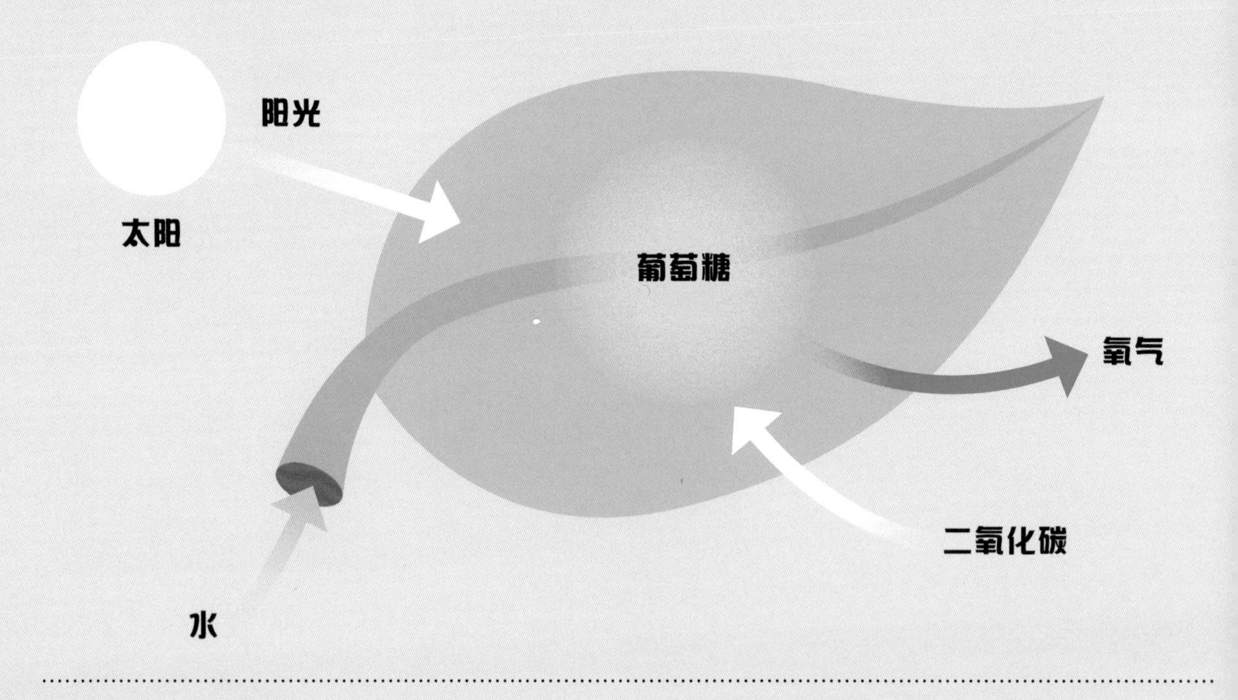

叶绿素

在进行光合作用时，植物利用一种叫作叶绿素的化学物质来吸收光能。它们存在于叶子和绿色的茎中。即便有些植物的叶子并非绿色，而是红色、紫色或黄色等颜色，也能进行光合作用——叶绿素仍然存在，只是我们看不到它的颜色而已。

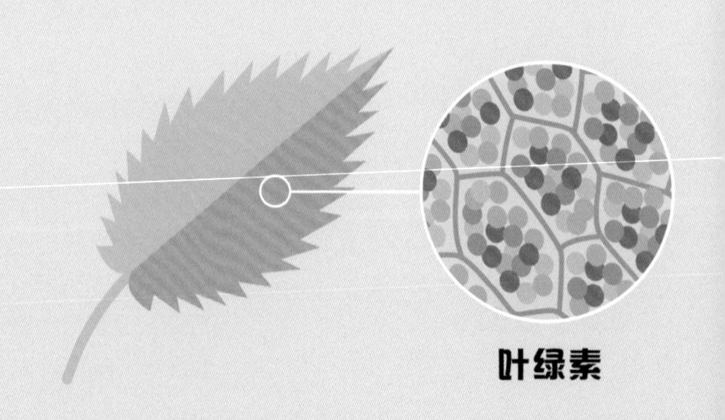

科学家认为，
空气中**85%**的氧气
都是由海洋中微小的
浮游植物产生的。

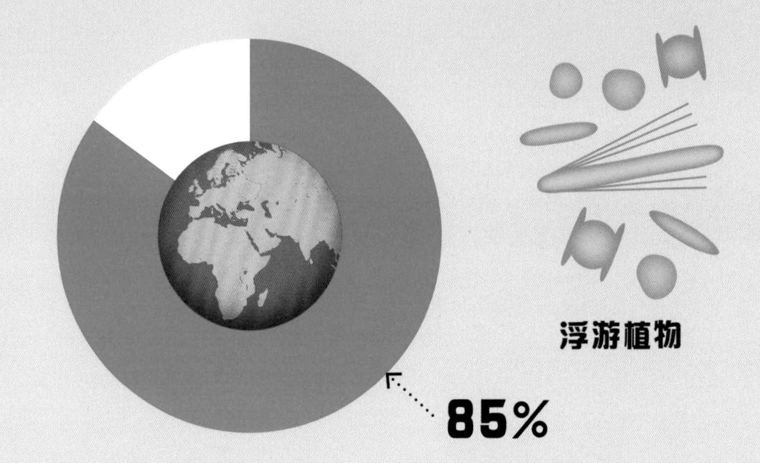

呼吸作用

植物通过呼吸作用产生能量，这一过程时时刻刻都在进行，而光合作用只在有光的条件下进行。在呼吸作用中，植物从空气中吸收氧气，并使其与由光合作用所产生的有机物发生化学反应，释放出能量、水和二氧化碳。

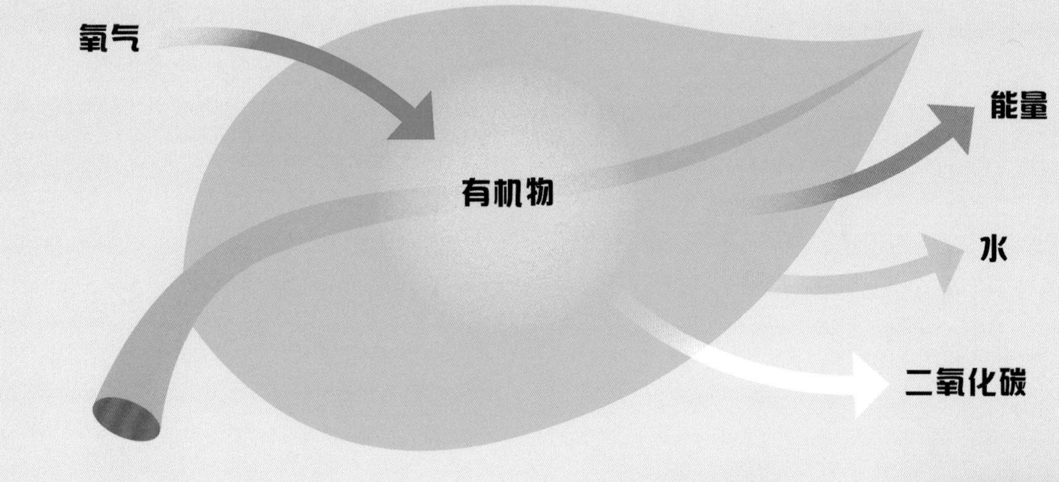

光合作用在英文中是
“photosynthesis”，
其中“photo-”表示“光”，
“synthesis”表示“合成”。

白天

呼吸作用和光合作用都在进行。

夜晚

主要进行呼吸作用。

植物繁殖

植物有多种多样的繁殖方式：有些繁殖只需要单个植物的营养器官就能完成，有些繁殖需要传粉来实现。某些植物的花粉或种子的传播，需要昆虫等小动物来协助。

独自完成的营养繁殖

植物的营养繁殖是一种无性生殖。例如水仙和马铃薯，它们在地下分别长有储存营养的鳞茎和块茎，可以通过这些营养器官繁殖下一代。

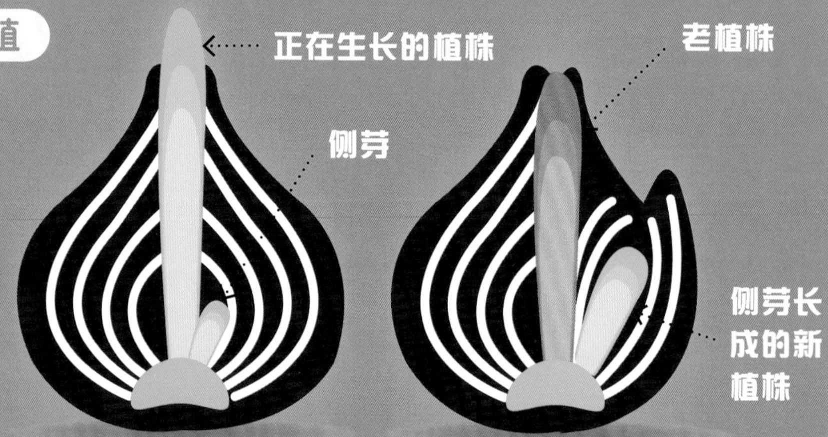

类似的植物还有浮萍和草莓。浮萍的叶子上可以长出小植株；草莓能长出匍匐茎，在匍匐茎上会长出新植株。

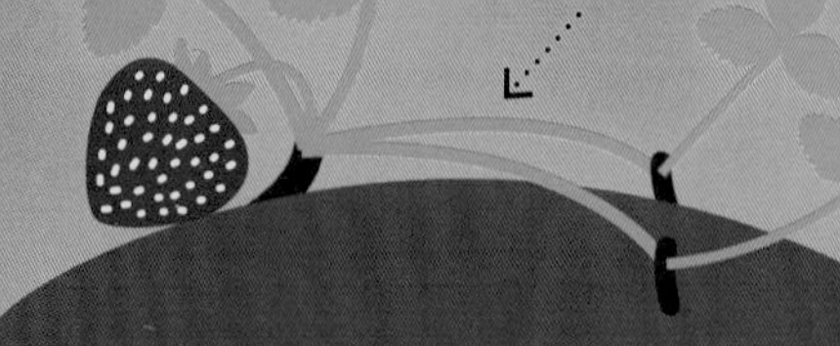

花药产生雄性生殖细胞，即花粉。

“男女搭配”的有性生殖

有性生殖需要植物的雌性和雄性生殖细胞结合在一起。花在不同的特殊部位分别产生雄性和雌性生殖细胞。

子房产生雌性生殖细胞。

传粉

花粉是植物的雄性生殖细胞。成熟的花粉传到雌蕊柱头或胚珠上的过程就叫作传粉。花粉可以通过风或动物传播，如蜜蜂或其他小昆虫。这些小动物被花产生的甜甜的花蜜所吸引，采蜜的同时也沾上了花粉，不知不觉中在花与花之间完成了传粉。

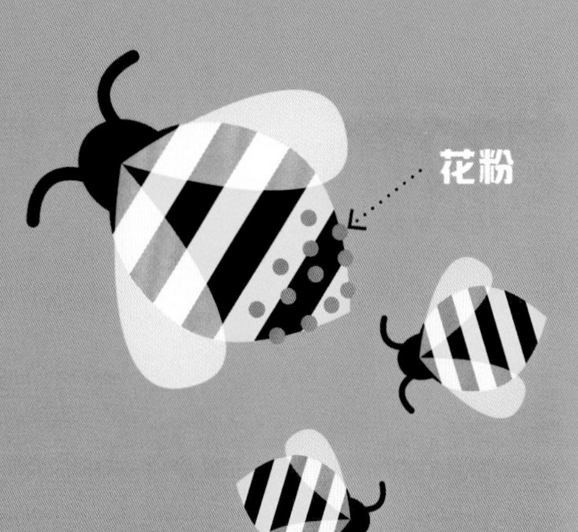

在美国，每年通过蜜蜂传播花粉的农作物，价值约为 **150 亿**美元。

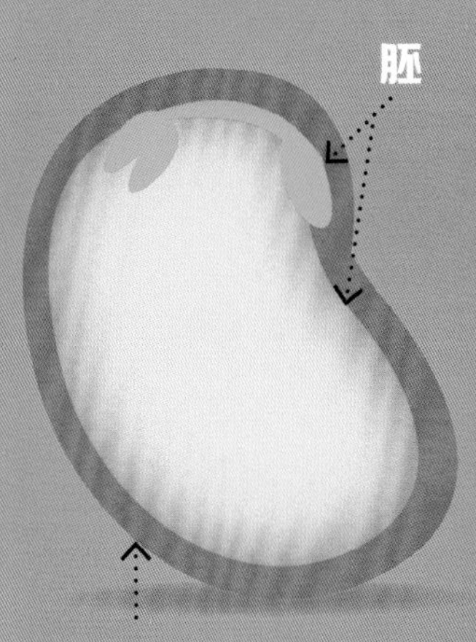

种子

植物的雄性和雌性生殖细胞结合的过程叫作受精，形成的受精卵细胞能发育成种子。种子里面的胚将发育成一棵新的植物。有的种子除了胚，还有一个营养储藏室，它能在植物生长的头几天里提供营养。种子外表面有坚韧的种皮保护着它。

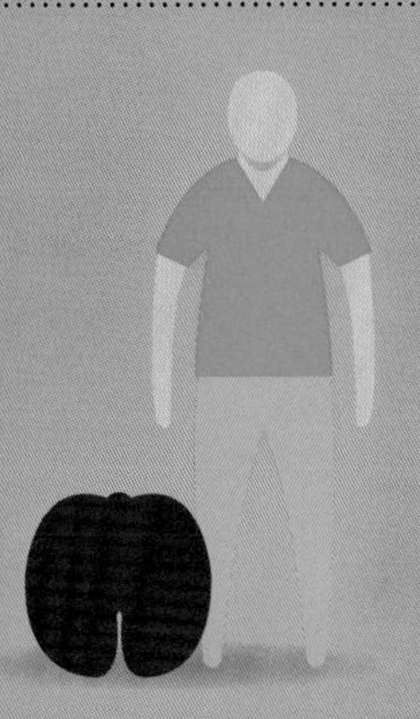

世界上最大的种子是海椰子树的种子，宽可达 50 厘米，重约 25 千克。

传播

当种子为生长做好了准备时，它就会离开母株。下面列举几种传播种子的方法：

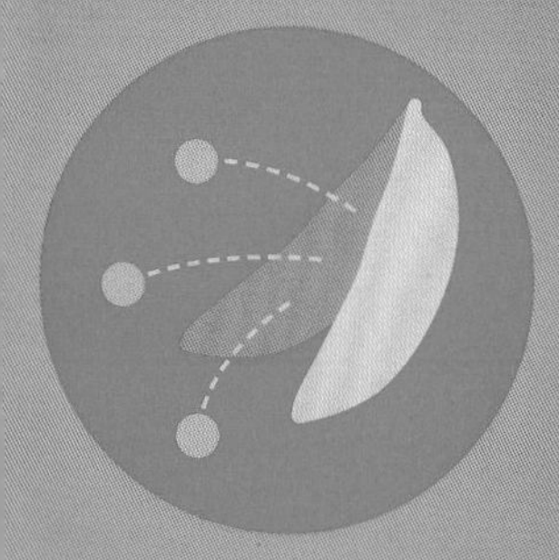

自体传播

豌豆荚成熟开裂，将种子弹射出去。

动物的体外传播

牛蒡种子上有钩，能挂在动物的皮毛上。

动物的体内传播

葡萄的种子会随果实一起被动物吃下，而后随粪便排出体外，传播出去。

风力传播

蒲公英种子被风吹散，落到各个地方。

树木

树是一种大型植物，它有一个很长的木质茎，叫作树干。树干可以让树长得很高而不会倒下。树木是地球上最常见的植物之一，它们覆盖了广阔的区域，从冰雪茫茫的北方到雨林繁茂的赤道，处处可见它们的身影。

乔木，还是灌木？

乔木的茎（特别是树干）较长，枝杈离地面较远。

灌木靠近地面的分枝更多。

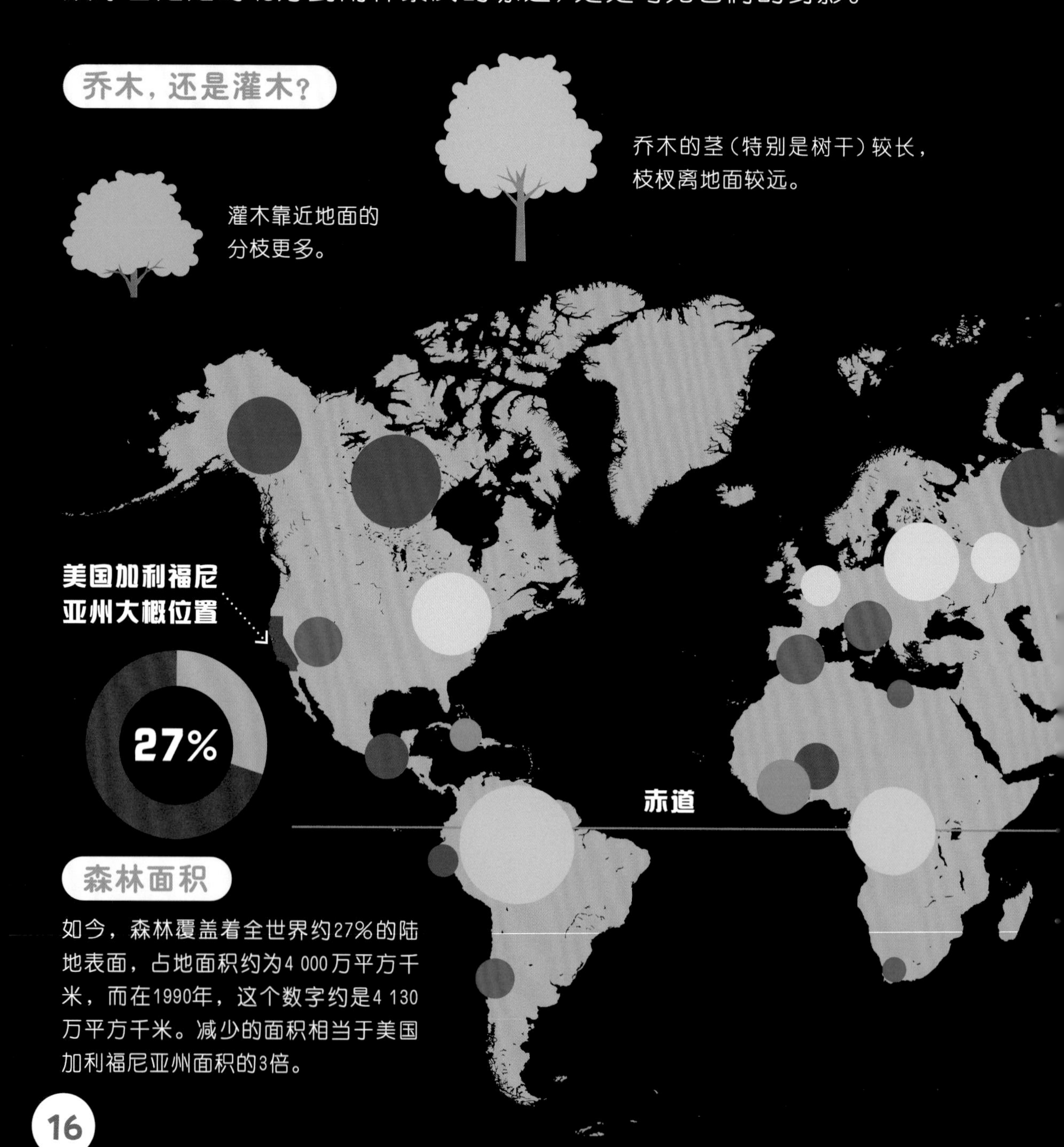

森林面积

如今，森林覆盖着全世界约27%的陆地表面，占地面积约为4 000万平方千米，而在1990年，这个数字约是4 130万平方千米。减少的面积相当于美国加利福尼亚州面积的3倍。

森林的类型

热带雨林

多位于赤道附近的繁茂森林。

热带季雨林

多位于热带雨林的南北两侧，那里的夏季通常雨水较少。

亚热带常绿硬叶林

大部分林木是常绿树，常见于地中海地区以及智利、美国加利福尼亚州等地，生长季较短。

针阔叶混交林

落叶阔叶树和常绿针叶树混生在一起的温带森林，位于四季分明的地区，如西欧和北美洲的一些区域。

针叶林

位于靠近极地的寒冷地区，以能度过漫长寒冬的针叶树为主。

山地苔藓林

多分布于热带山地，是树干和树枝上长满苔藓的森林。所需的水大多是从低地弥漫上来的水雾。

人工林

人工种植而形成的森林。世界上 40% 的工业用木材都来自人工林。

1 棵树每天产生的氧气，足够 4 个成年人使用。

1 棵大树每天可以将 375 升水从地下转移到空气中。

地球上的树至少有

60 000 种。

草

在地球上，大陆的中部大多是连绵的草原。这些一望无际的草原出现的地方，要么降水较少，树木无法抽枝发芽，要么生活着众多植食动物，以致树木还没有长大就被吃掉了。

节

叶片

叶子的基部

草是如何生长的？

许多植物是从茎的顶端生长，而草则是在每一个草茎的节和叶子的基部附近生长。这意味着即便草的顶部被修剪、吃掉或踩踏，草依然能继续生长。

23%

草原覆盖了世界上约 23% 的陆地面积，约为 **3 500 万**平方千米。

很多草原的土壤非常肥沃，这使它们成为理想的农业用地。在世界农业产区中，草原面积占 70% 以上。

草本植物的用处

人们发现，草本植物除了可以吃（如小麦）以外，还有许多其他的用途。

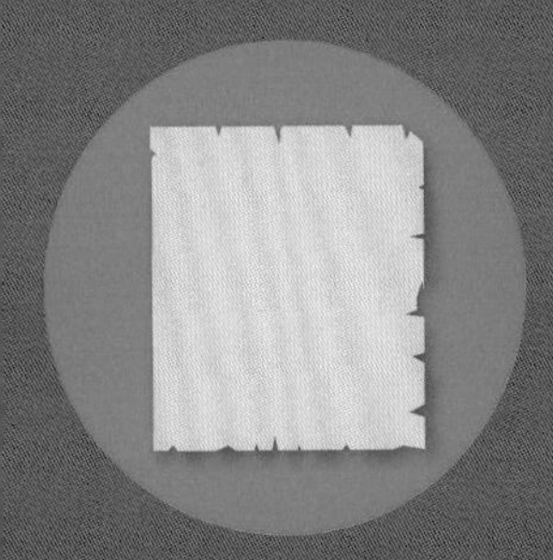

造纸 如古埃及人使用纸莎草制作的纸莎草纸。

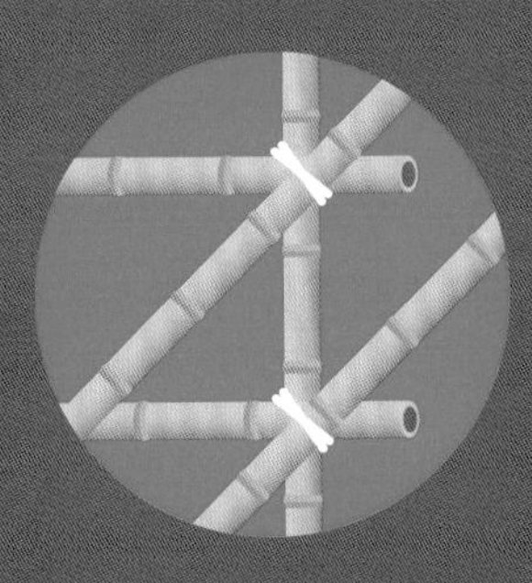

搭脚手架 亚洲许多国家用竹子搭脚手架。

做房顶 有些草容易采集，做成屋顶能遮风挡雨。

编制容器 草编的容器比较耐用，又容易编制。

巨竹

是世界上最高的草本植物。有些生长于印度的巨竹已经超过 46 米，几乎和法国巴黎的凯旋门一样高。

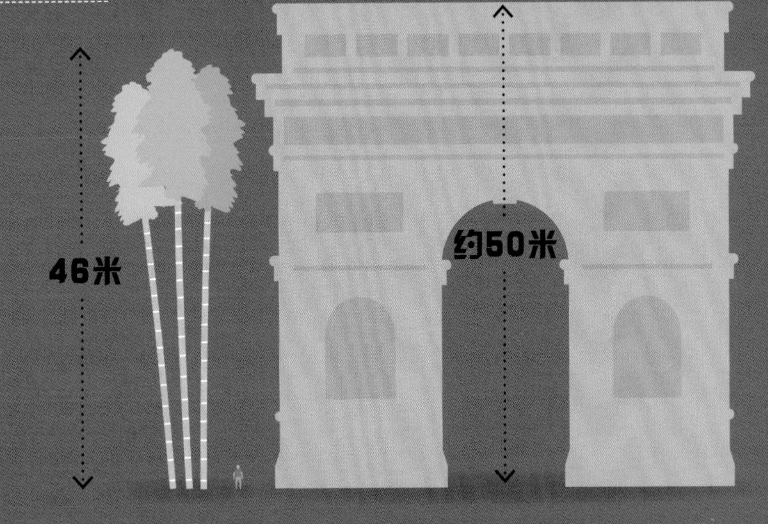

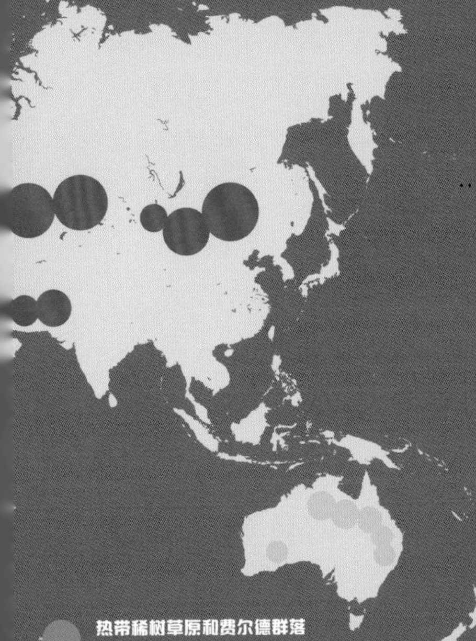

地球上的草至少有

10 000 种。

每一块大陆上都有草的踪迹，
连南极大陆也不例外。
南极大陆生长着一种叫南极发草的草。

花

在许多植物的繁殖周期中，花起到了十分关键的作用。植物利用精巧的花状结构和各种方法来确保花粉到达子房。

巨型花

有些植物开出巨大的花来吸引昆虫传粉。

巨魔芋（又叫泰坦魔芋）开出的尖刺状花高可达4米，重约75千克。

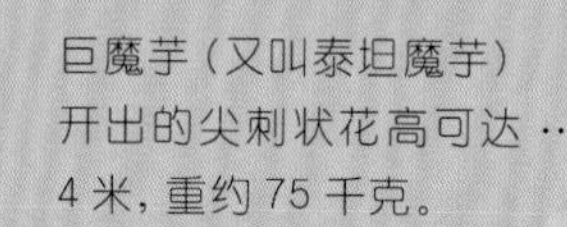

阿诺德大王花的直径约1米，重约7千克。

吸引传粉动物

花用各自的方法来吸引鸟和昆虫为它们传粉。

许多鸟以及蜜蜂等昆虫会被五颜六色的花所吸引，因为它们的眼睛能够识别出不同的颜色。

不少花会产生一种叫作花蜜的甜甜的液体，多种鸟和昆虫以此为食。

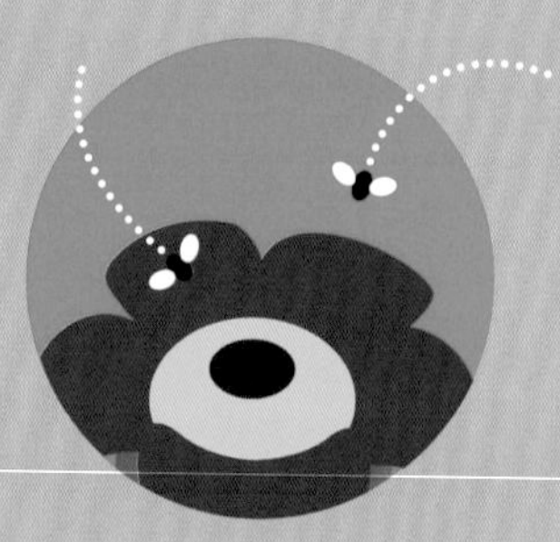

有些花会产生芬芳的气味来吸引动物。阿诺德大王花则产生一种类似于腐肉的气味来吸引昆虫传粉。

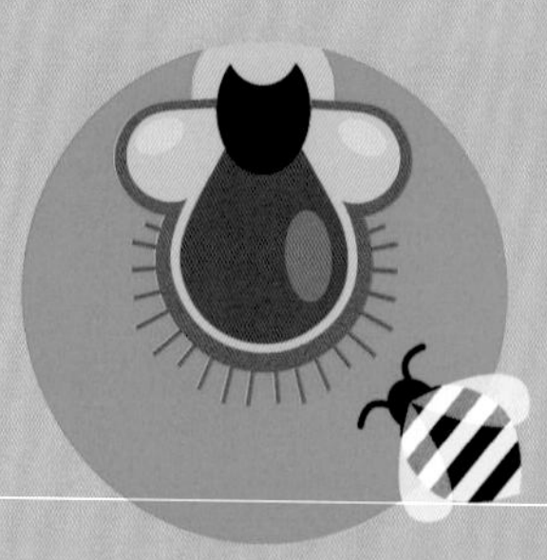

一些兰科植物生长出形似雌蜂的花，雄蜂因此被吸引到花上寻找配偶。

一些花有特殊的图案，能为动物指示花蜜的位置，
这些图案叫作蜜源标记。
这些标记要么可以在可见光下被看到，要么
可以被一些昆虫在紫外光下看到。

**在白天，
有些花的朝向
会随着太阳在天空
中的移动而改变，
例如向日葵。**

可见光下的花

紫外光下的花

在科学界已知的植物物种中，绝大多数都开花。

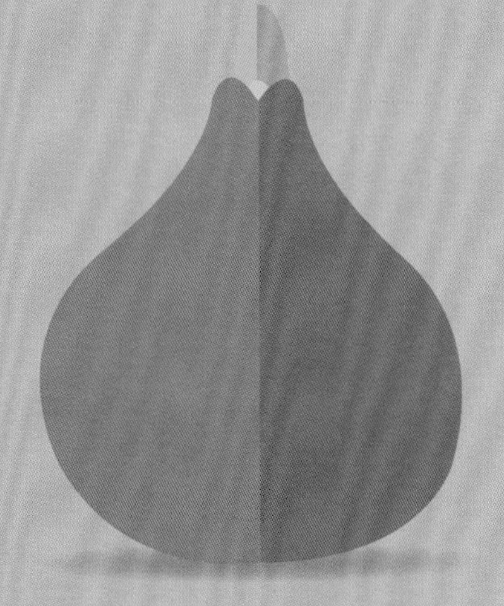

郁金香狂热

在17世纪30年代的荷兰，郁金香的种球达到了史上最高的价格，其中一些种球的售价甚至超过了当时的房价。

130 000 000 年前，
地球上已经出现了第一朵花。

植物的自我保护

植物含有大量的养分和水分，它们在饥渴难耐的动物眼中，简直就是香饽饽。许多植物也具有一定的防御手段，以保护自己免于成为动物们的盘中餐。

尖刺

仙人掌的茎粗壮而多汁，充满水分。这些茎上覆盖着针状的刺，以防止口渴的动物用它解渴。

有些仙人掌的刺能长到 15 厘米长。

15厘米（实际大小）

蓖麻子含有致命的蓖麻毒素，8 颗蓖麻子所含的毒素量就足以毒死 1 个成年人。

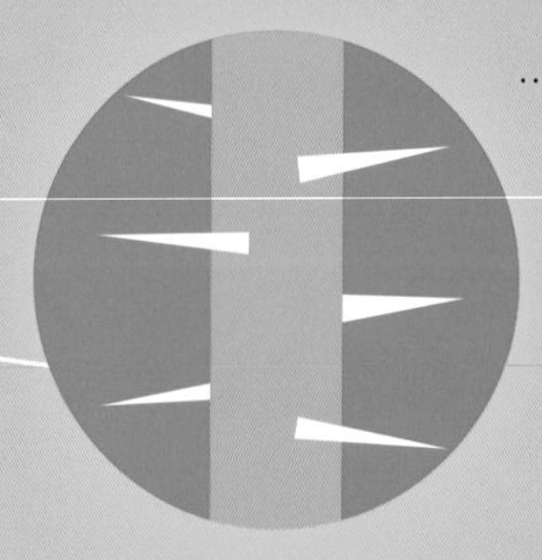

刺毛

刺毛

荨麻长着细小如刺的毛，叫作刺毛。它们可以刺进动物的皮肤并注入刺激性的化学物质，导致疼痛和瘙痒。

来自动物的保护

非洲的一些金合欢树是蚂蚁的家园。蚂蚁生活在树上那些中空的棘刺里，以树分泌的蜜汁为食。作为回报，每当有动物靠近或碰触到树，比如来吃树叶时，它们就会蜂拥而出，攻击这些入侵者。

种子的“盔甲”

有些植物的种子有坚硬的壳，它能在种子开始发育前保护种子。例如，椰子有坚硬厚实的椰壳，当椰子从高高的树上掉下来时，椰壳能为种子提供保护。

叶片合拢。

合拢叶片

含羞草是一种敏感的植物，它的叶子一旦被触碰，就会折叠起来。这可以阻止食草动物吃掉叶子，也可以让那些可能伤害自己的小昆虫从叶子上掉下去。

产生毒素

一些植物的叶子或其他部位含有毒素，这些毒素会使动物生病甚至死亡。

斑叶疆南星结出的浆果有毒。

毒芹

栎树的果实（又叫橡子）对马来说是有毒的。

植物的生命周期

和所有的生物一样，植物也会经历自己的生命周期。其中有些从一粒种子开始发育，逐渐成长，然后成熟，最终死亡。但在死亡之前，它们会繁殖出更多的后代，重新开始这个循环。

显花植物的生命周期

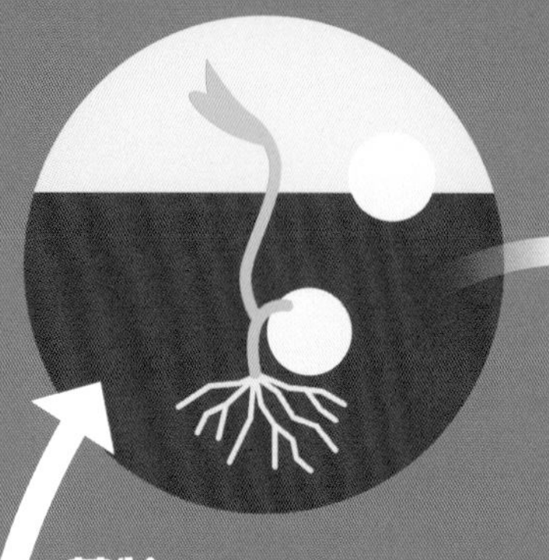

萌发 种子离开母株后，等到条件合适时，开始吸收水分、生长，直到胚根突破种皮，先后长出小小的根和嫩芽，形成幼苗。

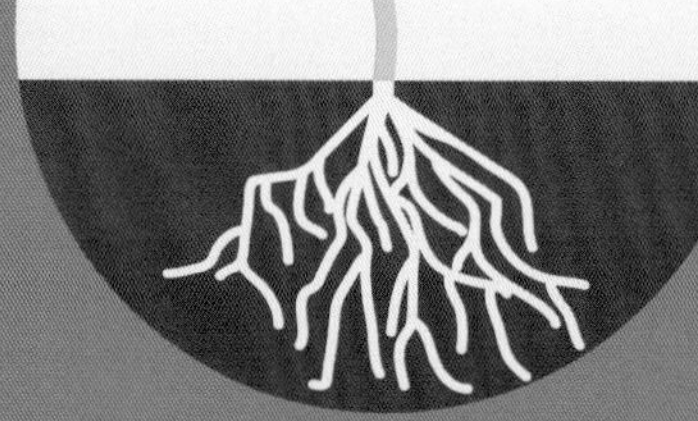

生长 根和芽继续长大，生出更多的芽，长出更多的叶子。

开花 植物开花了，花里有生殖细胞。

结果 传粉后，雄性和雌性生殖细胞结合，产生受精的种子。许多植物会结出果实，以便保护种子并在其开始生长时提供营养。

传播种子 种子可以借助风或动物传播。

死亡 在有些情况下，死了的植物会为它的种子提供养分。

预期寿命

植物的寿命长短因物种而异。

一年生植物

它们的生命周期只有一年。

两年生植物

生命周期为两年，它们在第一年生长发育，在第二年开花并结出种子。

多年生植物

生命周期为三年以上。其中一些植物需要好几年甚至几十年才能成熟，而且一生只结一次种子。

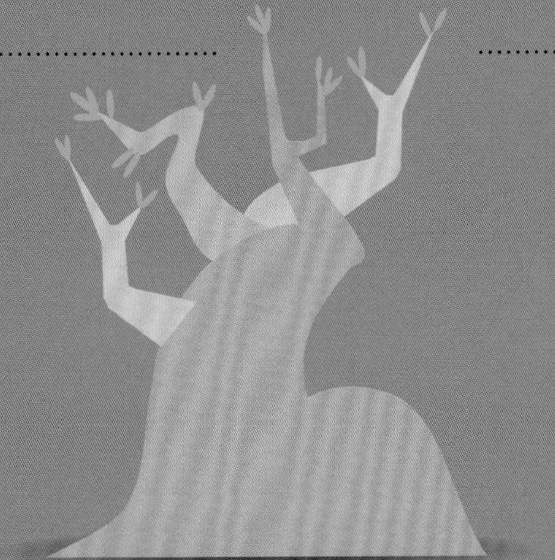

4 800岁

这是一棵狐尾松的年龄。
它曾是世界上最古老的树，
绰号“玛士撒拉”，生长在美国
加利福尼亚州的怀特山脉。

有些种子成熟之后，
过了很多年还可以萌发。
在以色列的一个遗迹中，
人们发现了一颗 **2 000** 多岁的种子。
它后来被种下，
并长成了一棵枣椰树。

对于有些植物来说，火在其生命中不可或缺。

桉树等少数植物的果实不仅不怕火，相反，火还能烧破它们的厚壳，把种子释放出来。

一场大火过后，被烧毁的植物会将营养物质返还给大地。而一些植物，比如澳大利亚的禾木胶树，则会在火灾之后开花并迅速生长，以利用这些突然多出来的营养物质。

60年
是贝叶棕从萌发到开花
大致所需的时间。
开花之后，贝叶棕就会死去。

作为食物的植物

在地球上，人和动物的食物主要来自植物。食草动物以植物为食，人类也离不开五谷杂粮、蔬菜水果，还会为了饲养家畜而种植农作物。

小麦

小麦算是一种草，品种很多。它可以被人们制成面粉，而面粉可以被做成面包、面条等面食。

水稻

水稻和小麦一样，也是一种草。农民通常先培育水稻幼苗，然后把幼苗栽到水田里。

大米是世界上一半人口的主食。全球有100多个国家和地区种植水稻。

12 000 年前，

人类开始种植农作物，并从长得最好的植物中挑选种子播种，以增加作物的产量。

140 000

是水稻的品种数。

糖

许多食物都含有糖，例如水果含有果糖，牛奶含有乳糖。人们主要用甘蔗和甜菜来生产糖。甘蔗多生长在温暖的地区，而甜菜则生长于较凉爽的地区。

香草和香料

有些植物的叶子、花或种子有浓烈的香气，可以用来给食物调味，如薄荷、迷迭香、胡椒、肉桂和芥菜籽。

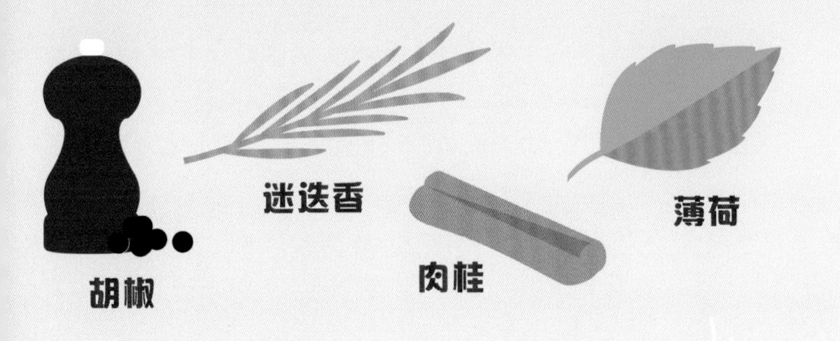

咖啡、可可和巧克力

人们用咖啡豆和可可豆来制作饮料和甜食。咖啡豆是咖啡树的种子，它们先被烘烤成坚硬的干豆，然后被磨碎，最后与水混合，一杯咖啡就此诞生了。

可可豆被磨碎后，能做成可可粉，也能被加工成巧克力。

水果和蔬菜

新鲜的水果和蔬菜是营养物质（特别是维生素和矿物质）的重要来源。摄入这些营养素有助于预防许多疾病。

维生素C 柑橘类水果（如橙子和柠檬）、花茎甘蓝（又叫西蓝花）和马铃薯等富含维生素 C。如果维生素 C 摄入不足，可能会导致牙龈出血和抗感染的能力下降。

维生素A 胡萝卜、西红柿和绿叶蔬菜中含有维生素 A。这类维生素能预防夜盲症和皮疹，帮助我们的身体抵抗疾病。

词汇表

孢子

有繁殖或休眠能力的无性生殖细胞。这些生殖细胞在脱离母体后不通过细胞融合就能直接或间接发育成新个体。

常绿树

全年保持绿叶片的树木。

传粉

成熟的花粉由雄蕊花药中散出后，被传送到雌蕊柱头上或胚珠上的过程。

非维管植物

体内没有起输导和支撑作用的管道结构的植物，如苔藓植物。

浮游植物

漂浮在水中的小型植物，通常是藻类，广泛分布于河流、湖泊和海洋中。

附着力

当两种物质的分子十分接近时，接触部分所产生的相互吸引力；多见于固体与液体之间。

根瘤

豆科植物根部像瘤子一样的小突起，含有的根瘤菌可以合成豆科植物需要的含氮物质。

光合作用

绿色植物利用光能将二氧化碳和水转化为糖类等有机物，并释放氧气的过程。

呼吸作用

植物细胞将糖类等有机物氧化分解，最终产生二氧化碳和其他产物，并为自身活动提供能量的过程。

花粉

种子植物雄蕊花药内的雄性生殖细胞。

花蜜

一些植物为了引诱昆虫、鸟类等帮助传粉而产生的含糖物质。

花药

雄蕊顶端像囊一样的部分，能产生和储藏花粉。

角质层

植物体茎、叶、花、果和种子等表面的一层透明膜状物，可以起到减少、防止水分散失和保护的作用。

落叶树

一年中，叶子在一段时间内全部脱落的树。

毛细现象

液体沿细细的管子上升或下降的现象。

灭绝

某个物种的最后一个个体死亡。

木质部

在维管植物体内负责运输水分和无机盐的组织。

内聚力

同种物质内部相邻分子间的吸引力，可以使物质聚集成液体、固体等。

胚

由花粉和卵细胞结合发育而成的植物体幼体。

气孔

植物茎叶表皮层中的小开口，是控制气体和水分进出的通道。

热带

南北回归线之间的地带。

韧皮部

在维管植物体内负责运输糖类物质等光合产物的组织。

生长轮

树干横截面上的同心轮纹，通常是因季节和气候的变化而产生的。

维管植物

体内有起输导和支撑作用的管道结构的植物，如蕨类植物和种子植物。

温带

热带到寒带之间的地区；有南、北两个温带，北温带在北回归线到北极圈之间，南温带在南回归线到南极圈之间。

细胞核

细胞内储存、复制和转录遗传信息的主要场所，借由包围它的膜与细胞质分隔。

细胞膜

将细胞与外界环境分开的薄膜。

细胞质

细胞内除细胞核或拟核以外的所有物质。

线粒体

一种细胞器，广泛分布于动植物真核细胞细胞质中，呈粒状或棒状，能为生物体供应所需能量。

叶绿素

存在于叶绿体中的绿色色素，是植物进行光合作用时吸收和传递光能的主要物质。

叶绿体

绿色植物细胞中广泛存在的一种微小结构，含有叶绿素，是进行光合作用的主要场所。

液泡

植物细胞内由单层膜围成的泡状细胞器，充满水，水中有有机物、色素等。

有机体

自然界中具有生命的物体的总称，包括人、一切动植物和微生物。

针叶树

叶子形状像针、线或鳞片的树木，大多是常绿树。

子房

植物花中雌蕊下部膨大并包含胚珠的部分，其中的胚珠未来可以发育成种子。

注：本书地图插图系原版书插附地图。

SCIENCE IN INFOGRAPHICS: PLANTS
Written by Jon Richards and illustrated by Ed Simkins
First published in English in 2017 by Wayland

著作权合同登记号　图字：01-2021-3135

审图号：GS(2021)3349号

图书在版编目（CIP）数据

神奇的植物 / (英) 乔恩·理查兹著 ; (英) 埃德·西姆金斯绘 ; 梁秋婵译. -- 北京 : 中国妇女出版社, 2022.3
(一看就懂的图表科学书)
ISBN 978-7-5127-2116-6

Ⅰ. ①神… Ⅱ. ①乔… ②埃… ③梁… Ⅲ. ①植物－普及读物 Ⅳ. ①Q94-49

中国版本图书馆CIP数据核字(2022)第011729号

责任编辑：王　琳
封面设计：秋千童书设计中心
责任印制：李志国

出版发行：中国妇女出版社
地　　址：北京市东城区史家胡同甲24号　　邮政编码：100010
电　　话：（010）65133160（发行部）　　65133161（邮购）
邮　　箱：zgfncbs@womenbooks.cn
法律顾问：北京市道可特律师事务所
经　　销：各地新华书店

印　　刷：北京启航东方印刷有限公司
开　　本：185mm×260mm　1/16
印　　张：2
字　　数：36千字
版　　次：2022年3月第1版　2022年3月第1次印刷
定　　价：108.00元（全六册）

如有印装错误，请与发行部联系